科学探秘
培养儿童科学基础素养

U0159365

了解弹性
是弹力，抓住它

温会会 / 文　曾平 / 绘

浙江摄影出版社
全国百佳图书出版单位

从前，有一位喜欢乱下命令的国王。
"传下去，今天全国禁止黑暗。"
"听我的命令，宫殿里不能有光明。"
……

有一天，一位大臣给国王带来了一张弹力十足的蹦床。

"咦，这是什么？"国王问。

"国王，这是蹦床，您可以在上面尽情地玩乐。"大臣答。

　　根据大臣的指引，国王站到蹦床上，轻轻地蹦了起来。

　　"哈哈，是谁让我蹦起来的？"国王好奇地问。

　　"禀告国王，是弹力！受压迫的物体，想要恢复原状所产生的力，就是弹力。"大臣恭敬地回答。

国王越蹦越高，兴奋地哈哈大笑。
一不小心，他蹦出了蹦床，重重地
摔在了地上。
"嘭！"

　　这时，放在高处的皮球突然滚了下来，掉在蹦床上。皮球猛地弹起来，拍在了国王的脑袋上。

　　"啊！"国王疼得尖叫起来。

国王爬起来，把皮球踩在脚下，气呼呼地说：
"弹力是个很危险的家伙！听我的命令，把弹力抓
起来，关到监狱里去。"

"国王，弹力看不见也摸不着，根本抓不到呀！"大臣挠挠头说。

"那就把所有能产生弹力的物体统统都抓起来，送进监狱！"国王气急败坏地说。

于是，士兵们分头行动起来。

床软软的，受到压力会反弹。

"是弹力，抓住它！"

拉开的弓箭，很容易恢复原来的形状。

"是弹力，抓住它！"

轮胎受到压迫，也会使劲恢复原样。

"是弹力，抓住它！"

　　于是，软床、弓箭、轮胎都被士兵们送进了
监狱。

　　生活在王国里的子民们，纷纷把软床换成了
硬板床。他们躺在硬邦邦的床上，翻来覆去，几
乎天天失眠。

王国里的车子也大变样，轮胎全部不见了。
士兵们每天推着没有轮胎的汽车载国王出门，
累得满头大汗！

有一天上午，在睡梦中的国王被惊醒了。
"国王，不好了，城门口有一大群敌人！"
国王立刻爬起来，急匆匆地穿上衣服。
瞧！没有弹性裤腰的裤子飞快地往下掉。

"快朝敌人射箭！"国王披头散发地下令。

"国王，弓箭有弹力，都已经被送进监狱了。"士兵说。

"快备好车子，我要逃跑！"国王惊慌失措地下令。

"国王，轮胎有弹力，都已经被送进监狱了。没有轮胎的车子，跑不起来……"士兵说。

国王大喊："天哪！我以后再也不乱下命令了！"
大臣和子民们一听，高兴地说："那真是太好了！"
原来，城门口的敌人都是王国的子民们假扮的。从此，重新出现弹力的王国，充满了欢声笑语！

责任编辑　陈　一
文字编辑　徐　伟
责任校对　朱晓波
责任印制　汪立峰

项目设计　北视国

图书在版编目（CIP）数据

了解弹性：是弹力，抓住它 / 温会会文；曾平绘
. -- 杭州 : 浙江摄影出版社，2022.8
（科学探秘·培养儿童科学基础素养）
ISBN 978-7-5514-4052-3

Ⅰ．①了… Ⅱ．①温… ②曾… Ⅲ．①弹性力学－儿
童读物 Ⅳ．① O343-49

中国版本图书馆 CIP 数据核字（2022）第 137410 号

LIAOJIE TANXING：SHI TANLI ZHUAZHU TA

了解弹性：是弹力，抓住它
（科学探秘·培养儿童科学基础素养）

温会会 / 文　曾平 / 绘

全国百佳图书出版单位
浙江摄影出版社出版发行
　　　地址：杭州市体育场路 347 号
　　　邮编：310006
　　　电话：0571-85151082
　　　网址：www. photo. zjcb. com
制版：北京北视国文化传媒有限公司
印刷：唐山富达印务有限公司
开本：889mm×1194mm　1/16
印张：2
2022 年 8 月第 1 版　　2022 年 8 月第 1 次印刷
ISBN 978-7-5514-4052-3
定价：39.80 元